20种常发猪病诊断
彩色图谱

张 斌 汤景元 岳 华 主编

U0238542

中国农业出版社

编 写 人 员

主编　张　斌　汤景元　岳　华

参编　汤　承　杨晓农　陈小飞　于　颖

　　　费　磊　高　博　任玉鹏　傅安静

　　　刘小银　廖晓丹　张治涛　张焕容

　　　杨发龙　李　芬　陈新诺　何　欢

目　录
CONTENTS

猪　　瘟

猪瘟是由猪瘟病毒（classical swine fever virus，CSFV）引起的一种急性、热性和高度接触性的传染病。其特征为发病急，稽留热，细小血管壁变性，引起全身广泛性点状出血及脾脏梗死。猪瘟流行范围广，世界动物卫生组织（OIE）已将本病列为A类传染病。

【流行特点】猪是本病唯一的自然宿主，各年龄的猪都易感。潜伏期一般为5～7天。病猪和带毒猪是最主要的传染源，病毒传播的主要方式是易感猪与病猪的直接接触，感染猪可从口、鼻及泪腺分泌物、尿和粪中排毒，并持续整个病程。本病一年四季均可发生，尤其春、秋发病较为严重。急性暴发时，往往是几头猪突然发病死亡，继而病猪数量不断增多，多数呈急性经过和死亡，3周后死亡率逐渐下降，病猪多表现亚急性或慢性症状。

【临床症状】本病最常见的症状为40℃以上的高热，仔猪临床症状比成年猪表现明显。根据感染毒株的毒力强弱，可分为最急性、急性及慢性。临床常见的是急性型和慢性型。

（1）急性型　感染初期出现发热、扎堆、食欲减退（图1-1）、嗜睡、结膜炎、呼吸困难、先便秘后腹泻等症状。

（2）慢性型　症状与急性型相似，病猪能生存2～3个月，同时出现一些非特异性症状，如间歇热、慢性肠炎、消瘦等。

【病理变化】主要是出血。常见的有皮肤点状出血（图1-2），淋巴结大理石样出血（图1-3），肠黏膜出血、肠系膜淋巴结出血（图1-4、图1-5），喉头黏膜出血（图1-6），膀胱黏膜出血（图1-7），胃黏膜出血（图1-8），肾脏表面点状出血（图1-9），肾脏畸形（图1-10），肾脏皮质出血（图1-11），脾脏肿大、边缘呈锯齿状、有多个出血性梗死灶（图1-12），心肌出血（图1-13）及回肠与盲肠连接处出血。慢性感染时，盲肠或大肠有纽扣状溃疡（图1-14）。

【防控要点】

（1）引种　建立严格的检疫制度，从没有发生过疑似猪瘟的猪场引进或购买仔猪，对引进的种猪或精液要进行病原检测。

（2）免疫　选择优质的猪瘟细胞苗或脾淋苗。后备种猪配种前免疫2次猪瘟疫苗后抗体仍为阴性的须淘汰。根据本场的抗体监测情况，制订科学的免疫程序。建议种猪每年普免4次或每胎次免疫2次。仔猪在4～5周龄首免，间隔30天和60天后分别再进行1次免疫。

（3）监测　每年对猪群进行3～4次抗体检测，及时淘汰免疫耐受的种猪，调整免疫程序。

（4）治疗　本病尚无特效治疗药物。猪群一旦发现可疑病猪，立即隔离，紧急送检，确诊是猪瘟后淘汰，全群紧急普免优质的猪瘟疫苗，并执行严格的封锁、隔离、消毒和无害化处理措施。

图1-1　猪　瘟

猪群扎堆，发热，食欲下降

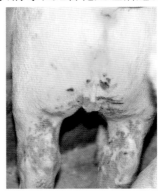

图1-2　猪　瘟

皮肤出血

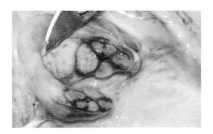

图 1-3 猪 瘟

腹股沟淋巴结肿大，大理石样出血

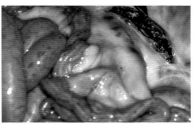

图 1-4 猪 瘟

肠系膜淋巴结出血

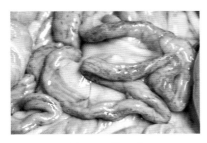

图 1-5 猪 瘟

小肠黏膜出血

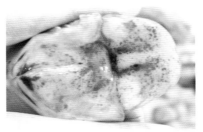

图 1-6 猪 瘟

喉头黏膜出血

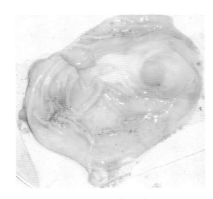

图 1-7 猪 瘟

膀胱黏膜出血

图 1-8 猪 瘟

胃黏膜出血

图 1-9 猪 瘟

肾脏针尖样出血

图 1-10 猪 瘟

肾脏畸形

图 1-11 猪 瘟

肾脏皮质出血

图 1-12 猪 瘟

脾肿大，边缘梗死

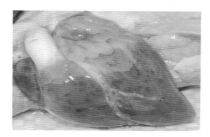

图 1-13 猪 瘟

心肌出血

图 1-14 猪 瘟

回盲瓣处纽扣样溃疡

2 猪繁殖与呼吸综合征

　　猪繁殖与呼吸综合征又称猪蓝耳病，是由猪繁殖与呼吸综合征病毒（porcine reproductive and respiratory syndrome virus，PRRSV）引起的一种以妊娠母猪流产、死胎、弱胎、木乃伊胎，以及仔猪呼吸困难和死亡率高为特征的传染病。自 2006 年夏季以来，我国出现了高致病性蓝耳病，现已波及全国各地，对养猪业造成了重大经济损失。仔猪的发病率高达 100%，死亡率高达 50% 以上，母猪流产率可达 30% 以上。该病毒分为欧洲型和美洲型。我国流行毒株主要为美洲型，也有欧洲型的报道。

　　【流行特点】病猪和健康带毒猪是本病的主要传染源。感染母猪有明显排毒的现象，鼻分泌物、粪便和尿液中均含有病毒。本病传播迅速，主要经呼吸道感染。当健康猪与病猪接触，如同圈饲养、频繁调运、高度集中，更容易导致本病的发生和流行。本病也可垂直传播，怀孕中后期的母猪和胎儿对 PRRSV 易感。猪场卫生条件差、气候恶劣、饲养密度大，可促进本病的流行。许多国家已禁止从感染地区或猪场引进活猪和公猪的精液。

　　【临床症状】

　　（1）经典蓝耳病　　种猪的繁殖障碍表现为返情、流产、空怀、产弱仔、木乃伊胎、死胎或白胎等（图 2-1）；公猪精液品质下降、性欲减弱；流产胎儿脐带出现坏死性脉管炎；公、母猪波动式厌食；仔猪和育肥猪表现体温升高（40～40.5℃）、呼吸困难等。感染猪动脉微循环血管损伤，出现躯体末端皮肤发绀（图 2-2）、耳部皮肤发绀（图 2-3），毛孔出血（图 2-4、图 2-5），结膜炎（图 2-6）或红眼病（图 2-7），母猪无奶水（图 2-8）等症状。

（2）**高致病性蓝耳病** 发病猪高热稽留（41℃以上）（图 2-9）、厌食或不食、结膜炎；部分猪后躯无力、不能站立或共济失调；母猪流产达 10%～50%，早产，分娩延迟，产死胎、弱仔，发情不正常等，并有死亡；仔猪、保育猪呼吸困难、发热或腹泻，保育猪发病率可达 100%、死亡率 50% 以上。育肥猪发病率可达 60%，死亡率 10%～30%。

【病理变化】本病感染没有特征性的肉眼或者显微病变，流产胎儿或死胎需进行实验室病原鉴定。所有日龄的感染猪都出现淋巴结肿胀（通常肿大 2～10 倍，图 2-10），间质性肺炎（即"橡皮肺"）（图 2-11 至图 2-13）。高致病性蓝耳病感染造成的实质器官出血更显著，表现肺脏出血、胃黏膜出血（图 2-14）、脾脏梗死（图 2-15）、淋巴结出血（图 2-16）、血尿（图 2-17）、肾出血（图 2-18）等。

【防控要点】

（1）**管理** 规模化猪场推荐本病的净化，PRRSV 阳性猪场推荐多点式养殖。严格执行批次生产、全进全出，控制保育和育肥的环境温度，降低饲料霉菌毒素含量。

（2）**引种** 减少引进种猪或精液的次数。引进的种猪必须隔离饲养 60 天。免疫优质的 PRRSV 疫苗后，对其采用本场猪只的粪便、淘汰母猪、病猪分别接触驯化各 1 周。

（3）**免疫** 选择与本场或周边猪场流行毒株相近优质疫苗进行免疫，种猪每年普免 4 次。自繁自养场仔猪在 2～3 周龄首免。同时，仔猪在 2～4 周龄免疫优质的圆环疫苗。

（4）**监测** 每年对猪群进行 3～4 次的抗体检测。监测猪群的抗体离散度和野毒感染时间。

（5）**治疗** 本病尚无有效的药物，发病后立即淘汰病猪、降低饲养密度、控制细菌继发感染和对症治疗。

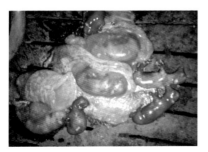

图 2-1　猪繁殖与呼吸综合征
流产胎儿

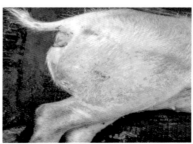

图 2-2　猪繁殖与呼吸综合征
臀部皮肤发绀

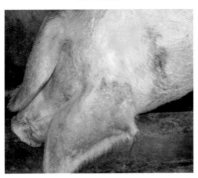

图 2-3　猪繁殖与呼吸综合征
耳朵发绀

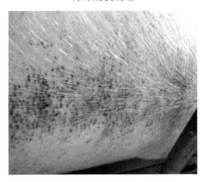

图 2-4　猪繁殖与呼吸综合征
毛孔出血

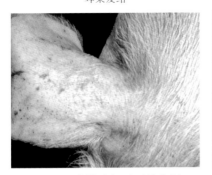

图 2-5　猪繁殖与呼吸综合征
耳朵毛根出血

图 2-6　猪繁殖与呼吸综合征
仔猪结膜炎

图 2-7　猪繁殖与呼吸综合征
红眼病

图 2-8　猪繁殖与呼吸综合征
母猪无奶水

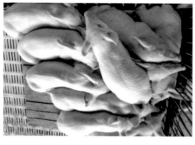

图 2-9　猪繁殖与呼吸综合征
体温发热

图 2-10　猪繁殖与呼吸综合征
腹股沟淋巴结肿大

图 2-11　猪繁殖与呼吸综合征
间质性肺炎出血

图 2-12　猪繁殖与呼吸综合征
间质性肺炎出血

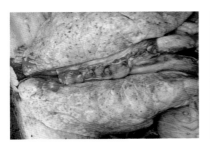

图 2-13　猪繁殖与呼吸综合征
间质性肺炎

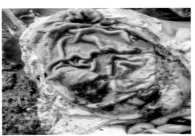

图 2-14　猪繁殖与呼吸综合征
胃黏膜出血

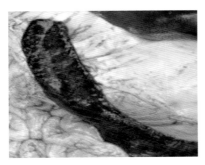

图 2-15　猪繁殖与呼吸综合征
脾脏边缘梗死

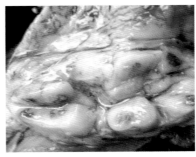

图 2-16　猪繁殖与呼吸综合征
淋巴结出血

图 2-17　猪繁殖与呼吸综合征
血尿

图 2-18　猪繁殖与呼吸综合征
肾脏出血

3 猪口蹄疫

猪口蹄疫是由口蹄疫病毒（foot and mouth disease virus，FMDV）引起的急性、热性、高度接触性传染病。其特征是在蹄部和口鼻部皮肤、口腔黏膜出现水疱和溃烂，严重者造成死亡。世界动物卫生组织（OIE）将口蹄疫列为必须通报的动物传染病，我国将其归为一类动物传染病。FMDV 有 A，O，C，亚洲 1 型，南非 1、2、3 型 7 个血清型。各种病毒之间，无免疫学交叉反应；同型的不同病毒株之间，抗原性也有不同程度的差异。

【流行特点】病猪是主要传染源，病猪的唾液、乳汁、精液、分泌物、排泄物等都含有大量的病毒。健康动物直接接触发病动物，或接触含有病毒的气溶胶及污染的饲料等都可以感染发病。除感染猪外，还可以感染其他偶蹄动物，如牛、山羊、绵羊和鹿。近年已经没有明显的季节性。

【临床症状】本病的潜伏期为 1～5 天。病初体温可高达40～41℃，精神不振，食欲减退或废绝，突发心肌炎，大量死亡（图3-1）。病猪以蹄部、鼻盘、乳房出现水疱、跛行为主要特征（图3-2 至图 3-6）。水疱破溃后出现红色的糜烂，溃疡，严重的蹄壳脱落（图 3-7 至图 3-11）。哺乳仔猪容易发生急性胃肠炎和心肌炎而突然死亡，病死率高达 60%～80%。无继发感染，一般10～15 天自然恢复。不同血清型的口蹄疫感染，临床症状很难区分。小猪可见心内膜和心外膜出血（图 3-12），心肌变性、坏死，形成"虎斑心"。

【防控要点】

（1）**生物安全** 进入猪场的所有运输车辆必须经过冲洗、消毒、熏蒸和干燥才能通行；回场员工需经过 48 小时隔离、洗澡后方才能进入生产区；销售猪时必须单向流动，未销售的猪只转入隔离舍观察 3～5 天后，正常才可返回猪圈；卖猪时，场内员工不应接触运输车辆；猪场周边 500 米内禁养猪、牛、羊等偶蹄动物。

（2）**引种** 口蹄疫流行季节不从外面引种；引种时严禁经过疫区；引进的后备种猪或仔猪运输前 2 周加强 1 次口蹄疫疫苗免疫。

（3）**免疫** 选择与流行毒株相匹配的优质灭活苗，种猪每年普免 4 次，仔猪 8 周龄首免，12 周加强免疫，建议 20 周再加强免疫一次。后备猪在配种前免疫 2 次。

（4）**紧急处理** 本病一旦暴发，应该严格按照《中华人民共和国动物防疫法》《重大动物疫情应急条例》和《口蹄疫防治技术规范》等法律法规进行处理，应急处理方案包括迅速通报疫情，立即实施封锁、隔离，扑杀病畜与同群易感家畜、消毒、检疫、对疑似健康群进行紧急接种等。

图 3-1 猪口蹄疫
中大猪突发心肌炎，大量死亡

图 3-2 猪口蹄疫
母猪鼻盘、蹄部出现水疱，糜烂

图 3-3　猪口蹄疫
母猪乳房、蹄部出现水疱，糜烂

图 3-4　猪口蹄疫
母猪吻突出现水疱，糜烂

图 3-5　猪口蹄疫
母猪乳头出现水疱，糜烂

图 3-6　猪口蹄疫
母猪乳头出现水疱，糜烂

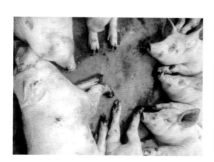

图 3-7　猪口蹄疫
肥猪口蹄疫蹄壳松动，跛行

图 3-8　猪口蹄疫
蹄冠、蹄叉和蹄踵部肿胀，
形成水疱，糜烂，蹄壳松动

图 3-9　猪口蹄疫
蹄壳松动

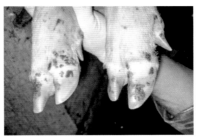

图 3-10　猪口蹄疫
蹄冠、蹄叉肿胀，形成水疱

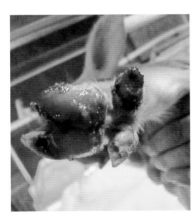

图 3-11　猪口蹄疫
仔猪蹄壳脱离

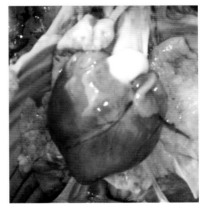

图 3-12　猪口蹄疫
仔猪心肌出血，心肌变柔

猪圆环病毒病

　　猪圆环病毒病是由猪圆环病毒 2 型（porcine circovirus type 2，PCV2）引起的猪传染性疾病。该病主要引起断奶仔猪多系统衰竭综合征、猪皮炎肾病综合征、猪呼吸道疾病综合征及繁殖障碍等疾病。该病对猪场造成严重的经济损失，引起全球养猪业的高度重视。疫苗免疫是控制该病的有效手段。

　　【流行特点】PCV2 对猪具有较强的易感性。猪是 PCV2 的主要宿主，各种年龄猪均可感染，但以仔猪感染发病较严重，6～12 周龄猪最多见，呈现多种临床表现。口鼻接触被认为是病毒传播的主要途径，但在鼻、扁桃体、支气管及眼分泌物、粪便、唾液、尿液、初乳、乳汁及精液中都能检测到 PCV2 病毒。猪可经食用病毒血症动物的组织而感染该病毒。

　　【临床症状】本病的临床症状最为复杂，且多为亚临床感染。一般在猪群各个阶段都表现出不同的非典型临床症状的疾病，很可能是 PCV2 感染所致。PCV2 可引起母猪流产，产木乃伊胎及死胎（图 4-1）。初生仔猪先天性震颤；6～12 周龄断奶仔猪引起腹泻和多系统衰竭综合征，临床特征为消瘦、皮肤苍白、呼吸困难，偶见腹泻和黄疸（图 4-2）；8～18 周龄的成年猪主要引起皮炎肾病综合征，临床特征食欲减退、精神不振、轻度发热或不发热症状，最显著的症状为皮肤出现不规则的丘疹，主要集中在后肢及会阴部，随着病程延长,破溃区域会被黑色结痂覆盖(图 4-3 至图 4-5)；16～22 周龄成年猪表现呼吸疾病综合征，通常与细菌混合感染。

　　【病理变化】流产和死亡的胎儿纤维组织增生或坏死性心肌

炎。保育猪、育成猪和成年猪可见腹股沟淋巴结和肠系膜淋巴结高度肿胀（图4-6至图4-8），浆液性炎症，胸腺点状出血，出血性和坏死性皮肤病变，大白肾，肾皮质瘀血，坏死性脉管炎，坏死性及纤维素性肾小球肾炎，肺间质水肿、出血（图4-9至图4-11），黄疸，血液凝固不良。

【防控要点】

（1）免疫　圆环疫苗公认免疫效果非常理想。选择优质的PCV2疫苗，种猪每年普免2次，仔猪2～4周龄免疫，后备种猪配种前免疫2次。

（2）管理　哺乳和断奶仔猪保温非常重要，应防止冷应激。断奶仔猪断奶后每天要吃0.2千克饲料，建议采用优质的仔猪开口料，减少断奶应激，实行批次生产，全进全出。

图4-1　猪圆环病毒病
流产胎儿

图4-2　猪圆环病毒病
消瘦，苍白，呼吸困难

图4-3　猪圆环病毒病
皮肤丘疹

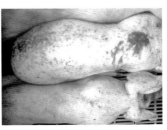

图4-4　猪圆环病毒病
皮肤丘疹

图 4-5　猪圆环病毒病
皮肤结痂，脱落

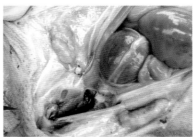

图 4-6　猪圆环病毒病
淋巴结浆液性肿大

图 4-7　猪圆环病毒病
淋巴结浆液性肿大

图 4-8　猪圆环病毒病
肠细膜淋巴结肿胀，索状，浆液性

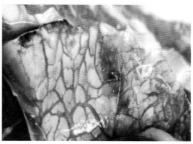

图 4-9　猪圆环病毒病
肺间质增宽，胶冻样

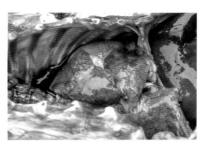

图 4-10　猪圆环病毒病
肺间质增宽，胶冻样，出血

图 4-11　猪圆环病毒病
肺出血

5 猪伪狂犬病

　　猪伪狂犬病是由猪伪狂犬病毒（pseudorabies virus，PRV）引起的一种急性传染病。该病能引起妊娠母猪流产、死胎，公猪不育，新生仔猪大量死亡，育肥猪呼吸困难、生长停滞等症状。病死率高达100％，是危害全球养猪业的重大传染病之一。在欧美养猪发达的国家，通过疫苗免疫等措施实现了该病的净化。但是，我国猪群的野毒感染率仍然很高，近年又有新的变异强毒力毒株出现。

　　【流行特点】猪和鼠类是最主要的自然宿主，急性感染耐过猪会成为PRV天然贮藏库。PRV常在宿主神经节内潜伏。病猪、带毒猪及带毒鼠类是本病重要的传染源。PRV主要传播方式是垂直传播和水平传播，可通过精液及胎盘传播，或接触带毒动物及感染动物尸体传播，在合适的环境下，病毒也能经气溶胶的形式传播。本病一般呈地方性发生，但随着活体动物的跨省运输，致使病原传播更为广泛。

　　【临床症状】3周内仔猪出现严重的中枢神经系统症状，主要有战栗、共济失调、惊厥、震颤、无力，死亡率高达100％（图5-1至图5-3）。成年猪出现高热、呼吸困难、继而厌食、精神萎靡、消化不良、口水增多、呕吐、战栗、咳嗽、打喷嚏，后期症状尤其明显。妊娠母猪返情增加，产木乃伊胎、死胎或流产（图5-4）。

　　【病理变化】病猪可见渗出性角膜结膜炎（图5-5）、浆液性纤维素性坏死性鼻炎、坏死性扁桃体炎、脑膜炎。肺脏、肝脏、脾脏和肾上腺可见坏死灶（图5-6至图5-11），并具有脑膜炎、黄疸等症状（图5-12）。流产母猪可见坏死性胎盘炎和子宫内膜炎。

【防控要点】

（1）**引种** 从伪狂犬病阴性场引后备种猪或精液。后备猪检测 gE 抗体阳性的不能作种用。

（2）**免疫** 选择优质的疫苗，种猪每年普免 4 次，剂量适当增加。仔猪出生 1～3 天，使用滴鼻器进行滴鼻，首次肌内注射时间根据抗体检测结果定，首免后 4 周必须加强免疫一次。

（3）**生物安全** 猪场定期进行灭鼠，同时防止工作人员、鸟类、猫和犬散毒。

（4）**监测** 每年对猪群进行 3～4 次伪狂犬病抗体检测，发现转阳的母猪及时更新淘汰。

图 5-1 猪伪狂犬病
初生仔猪战栗，震颤

图 5-2 猪伪狂犬病
初生仔猪神经症状，死亡

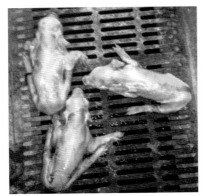

图 5-3 猪伪狂犬病
初生仔猪后肢无力

图 5-4 猪伪狂犬病
流产

图 5-5 猪伪狂犬病
角膜炎

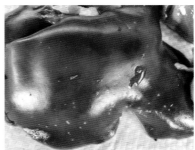

图 5-6 猪伪狂犬病
肝脏白色坏死灶

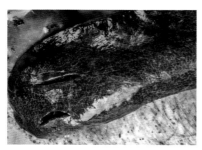

图 5-7 猪伪狂犬病
脾脏肿大、有坏死灶

图 5-8 猪伪狂犬病
心肌出血,肺脏出血,肝脏白色坏死灶

图 5-9 猪伪狂犬病
肺脏出血、坏死

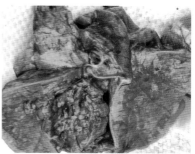

图 5-10 猪伪狂犬病
肺脏出血

图 5-11 猪伪狂犬病
肾脏出血、坏死

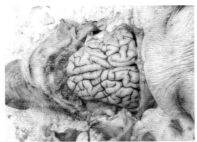

图 5-12 猪伪狂犬病
脑膜炎，黄疸

猪流行性腹泻

　　猪流行性腹泻是由猪流行性腹泻病毒（porcine epidemic diarrhea virus，PEDV）引起的一种高度接触性肠道传染病，以呕吐、腹泻和食欲下降为基本特征，各种年龄的猪均易感。目前，该病在中国和美国等地区广泛流行。尽管猪场进行了疫苗免疫，但仍旧持续发生且危害严重。本病毒只有一个血清型。

　　【流行病学】该病在各种年龄的猪都易感。哺乳仔猪、架子猪和育肥猪的发病率可达100%，尤其以哺乳仔猪最为严重。本病主要在冬季多发，夏季也可发生。病猪和带毒猪是主要传染源，病毒多经发病猪的粪便、唾液等排出，运输车辆、饲养员的鞋或其他带病毒的动物都可传播。传播途径是消化道。近年来，流行区域有逐渐扩大的趋势。

　　【临床症状】病初，病猪体温稍高或正常，精神沉郁，食欲减退；继而排水样稀便，呈灰黄色或灰色，酸臭（图6-1至图6-3）。哺乳仔猪先呕吐后水样腹泻（图6-4），1周以内的仔猪迅速脱水，死亡率高达90%以上。1周龄以上的哺乳仔猪腹泻即使恢复，部分也变成僵猪。保育、育肥和母猪持续腹泻4～7天，逐渐恢复正常，育肥猪的死亡率仅为1%～3%。

　　【病理变化】中大猪仅见水样腹泻，一过性经过。哺乳仔猪小肠绒毛脱落，肠壁变薄，肠道臌气，肠系膜淋巴结肿大。胃内有未经消化的凝乳块。仔猪迅速脱水，异常消瘦（图6-5至图6-7）。

【防控要点】

（1）诊断　猪群若发生水样腹泻，应立即采样送实验室诊断，以便确诊。

（2）预防　本病尚无有效的治疗方法。可选择优质的活苗和灭活苗母猪产前跟胎免疫，在母猪产前 40 天、产前 30 天和产前 7～14 天分别于后海穴免疫 1 头份活苗。

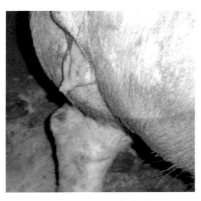

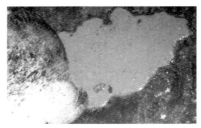

图 6-1　流行性病毒腹泻
成年猪水样腹泻，粪便味道酸臭

图 6-2　流行性病毒腹泻
成年猪水样腹泻，粪便味道酸臭

图 6-3　流行性病毒腹泻
育成猪水样腹泻，粪便味道酸臭

图 6-4　流行性病毒腹泻
初生仔猪先呕吐，后水样腹泻，消瘦

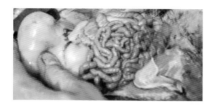 

图 6-5　**流行性病毒腹泻**　　　　　图 6-6　**流行性病毒腹泻**
　　　肠道臌气　　　　　　　　　　　　　肠壁变薄，肠道臌气

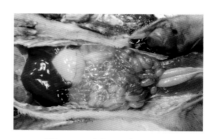

图 6-7　**流行性病毒腹泻**
　　　肠壁变薄，肠道臌气

7 猪大肠杆菌病

猪大肠杆菌病是由致病性的大肠杆菌（*Escherichia coli*，*E.coli*）引起的一类猪的传染性疾病，包括新生仔猪大肠杆菌腹泻（仔猪黄痢）、迟发性大肠杆菌病（仔猪白痢）、断奶仔猪水肿病。仔猪黄痢是出生后几小时到1周龄仔猪的一种急性高度致死性肠道感染，以剧烈腹泻、排出黄色或黄白色水样粪便及迅速脱水死亡为特征。猪白痢是10～30日龄仔猪发生的一种急性肠道传染病，以排泄腥臭的灰白色黏稠稀粪为特征。猪水肿病是断奶后1～2周的仔猪以全身或局部麻痹、共济失调和眼睑部水肿为主要特征的传染病。

【流行特征】仔猪黄痢多发于炎夏或寒冬潮湿多雨季节，初生后1周以内的仔猪易感染发病。仔猪白痢的发生于10～30日龄仔猪，一年四季都可发生，常与各种应激因素有关，特别是仔猪没有及时吃到母乳、母猪奶量过多、母猪饲料突然更换、气候反常等都可促进本病的发生或增加本病的严重性。水肿病主要发生于断奶后1～2周的仔猪，呈地方流行性，春秋季多发。传染源主要是带菌母猪和感染的仔猪，由粪便排出病菌，污染饲料、水和环境，通过消化道感染。

【临床特征】

（1）仔猪黄痢　初产仔猪多发，病猪剧烈腹泻，排出黄色或灰黄色、混有凝乳小片或小气泡的水样稀粪（图7-1），无呕吐现象。病猪脱水、消瘦、肛门和腹股沟等处皮肤发红，昏迷而死。

（2）**仔猪白痢**　哺乳后期到断奶期间，猪发生腹泻与新生仔猪类似，但往往不严重。腹泻物呈黄色或灰色（图 7-2），可持续 1 周，引起脱水和消瘦。数日后，猪群中可能多数猪只感染，死亡率可达 25%。病猪体况良好，但严重脱水、眼睛下陷和一定程度发绀。

（3）**水肿病**　主要发生于生长快、体格健壮的仔猪，发病率 20%，死亡率 80%。本病突发、病程短、体温正常或偏低、眼睑水肿（图 7-3）、叫声嘶哑、共济失调、惊厥或麻痹。

【**病理变化**】

（1）**仔猪黄痢**　小肠肠道充血、充气，肠黏膜充血、出血，呈急性卡他性炎症，肠腔内充满水样内容物（图 7-4 至图 7-6）。

（2）**仔猪白痢**　胃内充满干燥的食物，胃底区黏膜可见不同程度的出血。小肠扩张充血、轻度水肿，肠系膜高度充血。大肠内容物黄绿色，黏液样或水样。

（3）**水肿病**　胃壁（尤其在贲门和胃大弯）、小肠和结肠系膜，浆液性水肿（图 7-7、图 7-8）。

【**防控要点**】

（1）**仔猪黄痢**　母猪上产床前清洗消毒，在高床产仔，产前产后 1 周保持产床干燥。

预防：使用大肠杆菌病三价灭活苗（含 K88、K99 和 987P 三种菌毛抗原），母猪产前 40 天和产前 15 天各注射一次。

治疗：初生仔猪选择硫酸庆大小诺霉素、庆大霉素、硫酸新霉素、恩诺沙星口服。脱水仔猪选择 37℃ 的 5% 的葡萄糖生理盐水，腹腔补液。

（2）**仔猪白痢**　同仔猪黄痢。

（3）**水肿病**　本病尚无有效的治疗药物，预防可在仔猪断奶前提前补料，断奶前达到总采食 600 克以上。从病猪脑组织分离的大肠杆菌可以做自家菌苗。

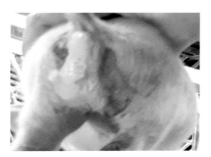

图 7-1　猪大肠杆菌病
初生仔猪黄痢，脱水，消瘦

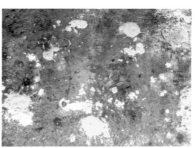

图 7-2　仔猪大肠杆菌病
断奶仔猪腹泻，粪便稀薄、黄白色

图 7-3　仔猪大肠杆菌病
眼睑水肿

图 7-4　猪大肠杆菌病
初生仔猪黄痢，小肠壁变薄，
肠道胀气、充满未消化的乳汁

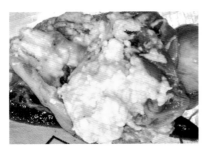

图 7-5　猪大肠杆菌病
初生仔猪黄痢，胃内充满未消化的凝乳

图 7-6　猪大肠杆菌病
初生仔猪黄痢，小肠壁变薄，肠道胀气

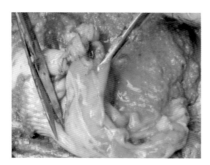 

图 7-7　仔猪大肠杆菌水肿病　　　　图 7-8　仔猪大肠杆菌水肿病
　　　　　　胃底壁水肿　　　　　　　　　　　　　肠系膜水肿

8 猪链球菌病

猪链球菌病是由多种致病性猪链球菌（streptococcus suis，SS）引起的一种急性传染病，可引起猪败血症、化脓性淋巴结炎、脑膜炎及关节炎等疾病。猪链球菌病已成为养猪业中的常见病和多发病，造成较大的经济损失。

【流行特征】猪链球菌自然感染部位是猪的上呼吸道、生殖道和消化道。病猪和健康带菌猪的排泄物和分泌物中均有病原菌。本病一年四季均可发生，但以 7～10 月易出现大面积流行。仔猪多发败血症和脑膜炎，化脓性淋巴结炎型多发于中型猪。在规模化养殖场，本病常常成为一些病毒性疾病如慢性猪瘟、猪蓝耳病等的继发病。

【临床特征】病猪食欲减退，精神萎靡，皮肤发红出血（图8-1），关节肿大（图 8-2），体温 40.6～42.0℃。神经症状有运动失调，四肢划水状，角弓反张，僵直性痉挛，昏迷。

【病理变化】病猪表现心包炎，关节炎，败血症，脑膜炎，肺脏和肾脏出血、呈紫红色（图 8-3、图 8-4）。

【防控要点】

（1）发病严重的场，应选择商品疫苗接种；或考虑从关节液、心包液、脑组织中分离细菌，做自家疫苗，免疫种猪及仔猪。

（2）链球菌容易产生耐药性，有条件的猪场可以进行药敏试验筛选敏感药物。一般选择磺胺、氨苄青霉素、阿莫西林克拉维酸钾、头孢噻呋钠或头孢喹肟，定期轮换用药。

图 8-1 猪链球菌病
皮肤出血

图 8-2 猪链球菌
关节肿大，有干酪样渗出物

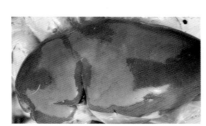

图 8-3 猪链球菌病
大红肾

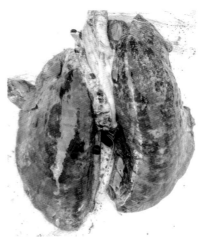

图 8-4 猪链球菌病
肺脏出血

9 猪传染性胸膜肺炎

猪传染性胸膜肺炎又称猪传胸，是由猪胸膜肺炎放线杆菌（*Actinobacillus pleuropeumoniae*，APP）引起猪的一种高度传染性呼吸道疾病，以出血性、坏死性肺炎和慢性纤维素性胸膜肺炎为特征。该病在我国许多地区呈流行趋势，随着我国集约化养猪业的发展，其危害也日益严重。本菌分为15种血清型，1、5、9和11血清型毒力最强，我国猪传染性胸膜肺炎流行血清型以1、3、7型为主，最常见于严重暴发，引起高死亡率。

【流行特点】本病有明显的季节性，冬春寒冷季节多发。各种年龄的猪均可感染，自然条件下3月龄的猪易感性最强。病猪和亚临床感染带菌猪是本病的主要传染源。本菌主要在鼻腔黏膜、气管、支气管、肺和扁桃体等组织器官中定居繁殖。病原随痰、鼻液和飞沫扩散传播。本病主要传播途径是猪只之间的直接接触或短距离的飞沫传播。猪胸膜肺炎放线杆菌的发生还与多种应激有关，如转群、饲养密度过大、气温骤降、畜舍卫生较差等。

【临床特征】最急性型突然发病，高热达41.5℃，精神沉郁、厌食，迅速出现轻度腹泻和呕吐，全身皮肤发绀，呼吸极度困难，典型症状为鼻孔流浅血色泡沫样鼻涕（图9-1至图9-3），从感染到死亡仅3小时。急性型发热40.5～41℃，皮肤发红，精神沉郁，厌食，不愿饮水，呼吸困难，咳嗽，心衰竭。慢性型间歇性咳嗽、食欲减退、身体虚弱、体重下降，也可发生母猪流产。

【病理变化】剖检可见严重的弥散性或多灶性纤维素性坏死

性胸膜肺炎，多灶性肺出血、出血性小叶间水肿，感染的肺脏界限明显（图 9-4），感染区肺脏硬如橡胶，切面呈现典型的不规则亮黑区域，多器官出现胸膜炎、心包炎、关节炎及板栗大小的脓肿。气管内常有大量泡沫状带血色的纤维素性渗出物（图 9-5）。慢性病例中，纤维素变性，牢固地黏附在胸膜壁或内脏；心脏出血性瘀斑（图 9-6）；肝脏有坏死点（图 9-7）；肾乳头出血（图 9-8）；小肠臌气，肠壁变薄，肠黏膜出血（图 9-9）。

【防控要点】

（1）**管理** 减少对猪群的突发应激，降低饲养密度，在天气突然变换前做好保温或降温工作。

（2）**免疫** 猪传染性胸膜肺炎发生严重的场可以进行疫苗免疫。商品猪在 6 周龄和 10 周龄各免疫一次。发生过猪传染性胸膜肺炎的猪场要免疫气喘病疫苗、伪狂犬疫苗，尤其是育肥猪伪狂犬疫苗应免疫 2 次。

（3）**防治** 发病的猪舍立即全群肌内注射头孢喹肟、头孢噻呋、氟苯尼考或恩诺沙星。预防可以选择氨苄青霉素、阿莫西林-克拉维酸、泰乐菌素和磺胺等拌料或饮水。

图 9-1 猪传染性胸膜肺炎
典型症状为鼻孔流血色泡沫

图 9-2 猪传染性胸膜肺炎
耳朵及全身发绀，鼻孔流泡沫

图 9-3 猪传染性胸膜肺炎
全身皮肤发绀，流血色泡沫样鼻涕

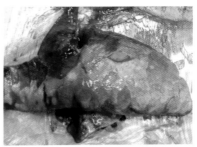

图 9-4 猪传染性胸膜肺炎
肺脏多灶性坏死、出血，
肺小叶界限清晰

图 9-5 猪传染性胸膜肺炎
气管炎，气管内充满大量泡沫状、带
血色的纤维素性渗出物

图 9-6 猪传染性胸膜肺炎
心脏出血性瘀斑，肺小叶出血

图 9-7 猪传染性胸膜肺炎
肝脏出血性瘀斑、坏死

图 9-8　猪传染性胸膜肺炎
肾乳头出血、瘀血

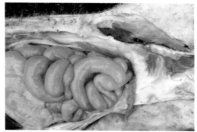

图 9-9　猪传染性胸膜肺炎
小肠臌气，肠壁变薄，肠黏膜出血

副猪嗜血杆菌病

副猪嗜血杆菌病是由副猪嗜血杆菌（*Haemophilus parasuis*，HPS）引起的以多发性浆膜炎、关节炎和脑膜炎为特征的细菌性疾病。该病呈世界性分布，并且日趋流行，危害严重，已成为全球范围内影响养猪业的重要细菌性疾病之一。本菌的血清型十分复杂，至少分为15种血清型，我国以4、5和13型最为常见。

【流行特点】猪是本菌的天然宿主，2～4周龄猪最易感。该病发病率在10%～15%，严重时死亡率可达50%以上。本菌主要定居在上呼吸道，患猪和带菌猪通过直接接触等途径传播。该病一般多发生于蓝耳病病毒活跃的猪场。

【临床特征】最急性型病程短，突然死亡，不表现特征性的肉眼病变。急性型临床表现高热41.5℃、咳嗽、腹式呼吸、关节肿胀、伴有跛行及侧卧、四肢划动、震颤等中枢神经症状（图10-1至图10-3）。慢性型表现被毛粗乱、渐进性消瘦及咳嗽等。

【病理变化】最急性型仅可见一些脏器点状出血。急性型可见纤维素性或纤维素性脓性浆膜炎、关节炎和脑膜炎，卡他性化脓性支气管炎、纤维素性胸膜炎、纤维素性出血性肺炎（图10-4、图10-5）。80%病变表现纤维素性化脓性脑膜炎。慢性型可见严重的纤维素性心包炎、胸膜炎、腹膜炎，以及慢性关节炎。

【防控要点】

（1）管理　猪群密度、温度、空气新鲜度和湿度等各种应激是该病的重要诱因，因此猪舍小环境的控制最重要。

（2）控制蓝耳病　本病常由于蓝耳病活跃所致，因此猪群蓝耳病的控制非常重要。蓝耳病不稳定的场，应选择优质的蓝耳病疫苗，制订科学的免疫程序。

（3）免疫　选择合适的副猪嗜血杆菌疫苗进行免疫，也可以从本场分离致病细菌制备自家疫苗进行防控。

（4）治疗　该病原菌容易产生耐药性，因此用药时要结合药敏试验，且应定期更换，以减少耐药菌株产生。可以选择阿莫西林-克拉维酸钾、磺胺、头孢噻呋、头孢喹肟、恩诺沙星等。

图 10-1　副猪嗜血杆菌病
神经症状

图 10-2　副猪嗜血杆菌病
浆液性关节炎

图 10-3　副猪嗜血杆菌病
浆液性关节炎

图 10-4　副猪嗜血杆菌病
纤维素性心包炎、心包积液、胸膜炎

图 10-5　副猪嗜血杆菌病
"绒毛心"

猪 气 喘 病

　　猪气喘病是由猪肺炎支原体（*Mycoplasma hypneumoniae*，Mhp）引起的一种慢性接触性呼吸道病。本病发病率高，遍布全球，造成养猪业巨大的经济损失。其主要症状是咳嗽和气喘，病变特征是肺的尖叶、心叶、中间叶和膈叶前缘呈"肉样"或"虾肉样"实变。

　　【流行特点】猪气喘病仅发生于猪，不同品种、年龄、性别的猪均能感染，其中以哺乳猪和幼猪最易感，发病率和死亡率较高。母猪和成年猪呈慢性和隐性感染。病猪和带菌猪是本病的传染源，主要经呼吸道传播。本病冬春寒冷季节多见，四季均可发生。猪舍通风不良、猪群拥挤、气候突变、饲养管理和卫生条件不良可促进本病发生，加重病情，如有继发感染，则病情更重。

　　【临床特征】病猪体温正常，仅表现出干咳，清晨驱赶时尤为明显。由于继发其他病原感染，病猪可能出现严重的发热、食欲下降、呼吸困难或衰竭等症状（图11-1）。

图 11-1　猪气喘病
呛咳，消瘦，弓背，被毛粗乱

【病理变化】肺尖叶或肺脏弥漫性实变，尖叶可见有紫红色至灰白色呈橡皮样的实变结节，熟称"虾肉样"肉变（图 11-2 至图 11-5）。

图 11-2　猪气喘病
肺小叶肉变

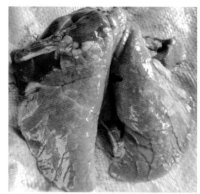

图 11-3　猪气喘病
肺小叶肉变，肺出血

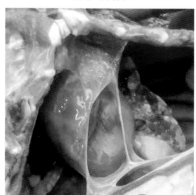

图 11-4　猪气喘病
哺乳仔猪早期感染猪繁殖
与呼吸综合征，致肺小叶
肉变成"马赛克"样

图 11-5　猪气喘病
肺脏肉变

【防控要点】

（1）管理　提供良好的环境，包括良好的空气质量、通风和室内温度，以及合理的猪群密度。

（2）引种　从气喘病阴性的种猪场引进后备种猪。

（3）免疫　选择优质的疫苗，仔猪 7～10 日龄首免，21～25 日龄加强免疫。发现哺乳仔猪有感染，则种猪每年要普免 2 次。

（4）治疗　可以选择泰妙菌素、替米考星、多西环素、氟苯尼考等药物。

12 猪巴氏杆菌病

猪巴氏杆菌病,又称为猪肺疫,是一种由多杀性巴氏杆菌(*Pasteurella multocida*,PM)引起的急性、散发性或继发性传染病。其最急性型呈败血症变化,咽喉部急性炎性肿胀,致使呼吸高度困难,称"锁喉风";急性型呈纤维素性胸膜肺炎症状;慢性型症状不明显,逐渐消瘦,有时伴有关节炎。本病分布于世界各地,一年四季均可发生。

【流行特点】本菌存在于上呼吸道,常常可从健康动物的鼻腔和扁桃体中分离出来。主要传染源是病猪和带菌猪,通过尿、粪、唾液等不断排出有毒力的病菌,污染饲料、饮水、用具及外界环境。本病多为散发,有时可呈地方性流行。发病一般无明显的季节性,当出现饲养管理不良、猪群拥挤、圈舍潮湿、卫生条件差、长途运输及冷热交替等不良因素时,病菌就会乘机侵入机体内繁殖,引起感染。

【临床特征】肺炎巴氏杆菌病多致育肥猪发病,且多与支原体病或蓝耳病并发。临床表现咳嗽、间歇热、精神沉郁、食欲减退及呼吸困难,严重的耳尖发绀(图12-1至图12-3)。与猪胸膜肺炎的区别是该病引发的肺炎病猪很少猝死。败血型巴氏杆菌病除以上症状外,喉头和下颌水肿,腹部常出现紫斑,紫斑为内毒素性休克。

【病理变化】巴氏杆菌肺炎常见于混合感染,纤维素性胸膜炎、心包炎、纤维素性化脓性坏死支气管肺炎、肺脏表面散布有典型的灰红色坚实结节,为细菌性肺炎的典型特征。败血型巴氏杆菌病可见皮下出血水肿、浆膜出血水肿、肺脏斑块状出血及腹腔器官的广泛性充血，纤维素性胸膜炎和腹膜炎。

【防控要点】

（1）预防　做好气喘病、蓝耳病、伪狂犬和圆环 2 型病的免疫，控制原发性疾病发生。有发病历史的猪场，饲料中定期添加长效土霉素、氨苄青霉素、头孢噻呋、恩诺沙星、金霉素等药物。

（2）治疗　可选择长效药物，如阿莫西林、头孢噻呋、氟苯尼考等。

图 12-1　猪败血型巴氏杆菌病
"锁喉风"

图 12-2　猪败血型巴氏杆菌病
"锁喉风"

图 12-3　猪巴氏杆菌病
呛咳，消瘦，腹部皮肤出血

13 猪 丹 毒

　　猪丹毒是由红斑丹毒丝菌（*Erysipelothrix rhusiopathiae*，ER）引起的一种急性、热性传染病，俗称"红热病"。临床分为急性型（败血症）、亚急性型（疹块型）和慢性型（心内膜炎、关节炎、淋巴结炎或慢性肉芽增生）。该病呈世界性分布。猪丹毒不仅是猪的重要传染病，还可以感染人、羊和火鸡等。本病原有多种血清型，至今为止已知的血清型有 25 种。我国致病猪丹毒杆菌主要流行 1a 和 2 血清型。

　　【流行特点】病猪是主要的传染源。带菌猪可从粪便或口鼻分泌物排出病原，造成传染。主要经病猪、带菌猪的粪、尿、唾液和鼻涕排出体外，污染饲料、饮水、土壤、用具和猪舍等，通过消化道传染给易感猪。本病也可通过损伤皮肤及蚊、蝇、虱等吸血昆虫、鼠类及其他动物传播。不同日龄的猪对本病的抵抗力有所不同，3 月龄以内和 3 年以上的猪一般都有较好的抵抗力。本病在炎热、多雨季节流行最盛，秋季天凉以后逐渐减少；而在南方地区，往往冬、春季也可形成流行高潮。

　　【临床特征】急性型表现有突然死亡、流产、沉郁、嗜睡、体温 40～42℃，皮肤出现菱形或方形斑块（图 13-1 至图 13-3）。慢性型一般在暴发后大约 3 周，常可见跛行，后肢踝关节、后肢膝关节和腕关节增大，另一特征是疣性心内膜炎。亚急性型介于急性和慢性之间，可能出现不孕、产木乃伊胎或产弱仔。

　　【病理变化】败血症，皮肤菱形斑块，淋巴结充血肿胀，肺瘀血水肿（图 13-4），脾脏肿大（图 13-5），关节可见纤维素性或脓性纤维素性关节炎，疣性心内膜炎。

【防控要点】

（1）**卫生**　本病病原存在于环境中，尤其是沙土地面的活动场，因此环境清扫、消毒非常重要。

（2）**免疫**　猪丹毒流行地区，10千克以上仔猪可免疫丹毒灭活苗或弱毒苗，间隔1～2月加强一次。

（3）**治疗**　在发病季节或发病时，可选择氨苄青霉素或阿莫西林预防及治疗。

图 13-1　猪丹毒
皮肤出现菱形斑块

图 13-2　猪丹毒
皮肤出现菱形斑块

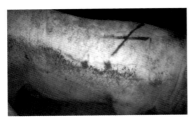

图 13-3　猪丹毒
皮肤出现菱形斑块

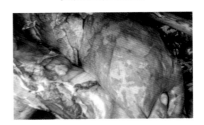

图 13-4　猪丹毒
肺脏水肿、瘀血、出血

图 13-5　猪丹毒
脾脏肿大

14 猪梭菌性肠炎

猪梭菌性肠炎又称仔猪红痢，是由 C 型产气荚膜梭菌（clostidium perfringens type C）引起的初生仔猪高度致死性肠毒血症，以排出红色粪便、小肠黏膜弥漫性出血和坏死为特征。该病病程短、发病快、致死率高，常造成仔猪整窝死亡，损失巨大。

【流行特点】本病主要侵害 3 日龄内的仔猪，1 周龄以上的仔猪很少发病。发病快，病程短，死亡率高，在同一猪群各窝仔猪的发病率不同，最高可到 100%，病死率一般为 20%～60%。品种和季节对发病无明显影响，但以冬春两季发病较多。病原常存在于母猪肠道中，随粪便排出，污染周边环境。

【临床特征】仔猪红痢，出生 3 天前后的仔猪易感染，表现为脱水、消瘦、肛门红肿，血痢（图 14-1）。成年母猪，突然胀气（图 14-2）、来不及治疗即死亡。

【病理变化】红痢剖检见小肠黏膜出血，淋巴结肿出血（图 14-3）。成年母猪突然胀气死亡。

【防控要点】

（1）预防　搞好猪舍及周围的环境卫生，特别是产房要清扫干净。临产前应将母猪乳头及臀部擦洗、消毒干净。

（2）药物防治　饲料中添加恩拉霉素，每吨 0.2 千克。

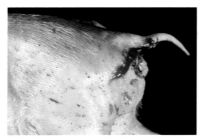

图 14-1　猪梭菌病
仔猪红痢

图 14-2　猪梭菌病
母猪胀气

图 14-3　猪梭菌病
小肠黏膜出血

15 猪附红细胞体病

　　猪附红细胞体病是由附红细胞体（*Eperythrozoon suis*，ES）引起的一种人兽共患传染病，临床以贫血、黄疸和发热为特征。本病呈世界性分布，我国猪群中也广泛存在，且多为隐性感染，常与猪的其他疾病混合感染，临床诊治困难，给养殖业带来很大的经济损失和公共卫生威胁。

　　【流行特点】本病对不同品种、不同年龄的猪均易感，发病率高，死亡率低。20～60日龄仔猪发病较多，而成年猪发病较低。本病的传播途径有接触性传播、血源性传播、垂直传播及昆虫媒介传播等。使用污染的注射器、针头等器具，打耳标，剪毛，人工授精等均可经血液传播。虱、蚊、蛰蝇等可能是传播本病的重要媒介。温暖炎热多雨的夏季尤其多发。一旦传入猪场很难彻底清除。

　　【临床特征】引起仔猪、产前母猪、断奶猪和架子猪的急性溶血性疾病和死亡。主要以黄疸性贫血（图15-1）、呼吸困难、衰弱及发热为特征。急性发病时，皮肤苍白、发热、偶尔出现黄疸及末梢发绀（图15-2），尤其是耳朵。母猪可发生发热、厌食、嗜睡、产奶下降。典型的症状发生在母猪分娩前3～4天或产后立即出现。慢性发病时，临床表现衰弱、皮肤苍白，以及偶尔的以荨麻疹为特征的皮肤过敏症状。

　　【病理变化】全身肌肉色泽变淡，皮肤和黏膜苍白、黄染（图15-3），血液稀薄、凝固不良，肝脏肿大、呈土黄色或黄棕色（图15-4），下颌皮肤和肠系膜水肿（图15-3、图15-5），肾脏、脾脏和腹股沟淋巴结肿大、出血（图 15-6 至图 15-8）。

【防控要点】

（1）治疗 选择多西环素或土霉素配合铁剂注射有助于疾病恢复。饲料中定期添加多西环素、金霉素或土霉素预防。

（2）预防 卫生保健是控制疾病的关键环节。夏季要注意加强灭蚊灭蝇工作。

图 15-1 猪附红细胞体病
黄疸，腹股沟淋巴结肿大

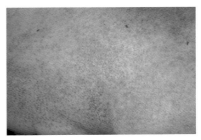

图 15-2 猪附红细胞体病
种猪皮肤毛孔出血，呈铁锈色

图 15-3 猪附红细胞体病
颌下皮肤水肿

图 15-4 猪附红细胞体病
肝脏黄疸

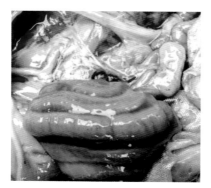

图 15-5　猪附红细胞体病
内脏肠系膜水肿

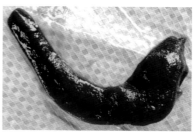

图 15-6　猪附红细胞体病
脾脏肿胀，边缘梗死

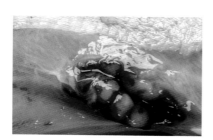

图 15-7　猪附红细胞体病
腹股沟淋巴结肿大、出血

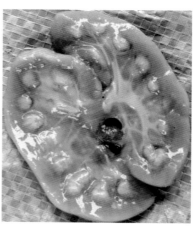

图 15-8　猪附红细胞体病
肾脏皮质轻微出血、水肿

16 猪弓形虫病

猪弓形虫病由刚第弓形虫（*Toxoplasma gondii*）寄生于猪的有核细胞中所引起的一种原虫病，也是人和猪、牛、羊、犬、猫等多种动物共患的寄生虫病。猪可引起成批急性死亡，人可引起流产和先天畸形。猫是刚第弓形虫的终末宿主，而猪、牛、羊、人等是中间宿主。弓形虫不同发育阶段形态不同。在终末宿主体内有裂殖体、裂殖子和卵囊等阶段，在中间宿主体内为速殖子和缓殖子。速殖子游离于组织液内。缓殖子位于包囊内，可见于多种组织，以脑组织为多。

【流行特点】该病呈世界性分布，国内各地均有病例报告。猪主要通过摄入污染的食物或饮水中的卵囊或食入其他动物组织中的包囊而感染；中间宿主的速殖子也可通过眼、鼻、呼吸道、肠道、皮肤等途径侵入猪体。被刚第弓形虫感染的猫和鼠被认为是猪弓形虫感染的主要来源。

【临床特征】初期体温 40～42℃，稽留热，精神萎靡，食欲减退或废绝，下痢。病猪流水样或黏液样鼻液，咳嗽，呼吸困难，呈犬坐姿势。耳朵、鼻头、下肢、股内侧、下腹部出现紫红色斑，或有小的出血点（图 16-1）。有的病猪耳背形成痂皮，甚至耳尖发生干性坏死。体表淋巴结，尤其是腹股沟淋巴结明显肿大。病程后期，呼吸极度困难，后躯摇晃或卧地不起，体温急剧下降而死亡。孕猪往往发生流产，耐过猪常呈后躯麻痹、运动障碍、斜颈及癫痫样痉挛等神经症状。

【病理变化】肝脏肿大，有针尖大、粟粒大甚至黄豆粒大的灰白色或灰黄色坏死灶，并有针尖大的出血点。肺脏肿大呈暗红色带有光泽，间质增宽，表面有粟粒大或针尖大的出血点和灰白色病灶（图 16-2、图 16-3）。全身淋巴结肿大，切面有粟粒大灰白色和灰黄色坏死灶及出血点。肾脏变软，颜色发黄。膀胱黏膜有出血点。胸腔、腹腔及心包积液。

【防控要点】

（1）猪场灭鼠、灭猫。

（2）每年定期采用磺胺类药物进行预防保健。

图 16-1　猪弓形虫病

皮肤发绀，点状出血

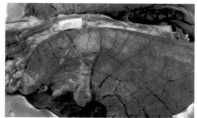

图 16-2　猪弓形虫病

肺脏肿大、出血、间质水肿

图 16-3　猪弓形虫病

肺脏出血

17 猪球虫病

猪球虫病由艾美耳科艾美耳属（*Eimeria*）和等孢属（*Isospora*）的球虫寄生于猪肠道上皮细胞而引起的寄生虫病。引起仔猪下痢和增重降低，成年猪常为隐性感染或带虫者。新生仔猪球虫病呈世界性分布，集约化饲养的猪场普遍存在。

【流行特点】感染猪的粪便中含有卵囊，在适宜条件下发育为孢子化卵囊，经口感染健康猪。规模化饲养和散养的猪都能感染该病。5～10日龄的猪最易感，仔猪感染后是否发病，取决于摄入卵囊的数量和虫种致病力；成年猪常为隐性感染或带虫者。

【临床特征】感染猪的粪便呈黄色至灰白色奶油状（图17-1至图17-3），随着病程发展变成液体状，病猪被毛粗乱、脱水，生长迟缓。

【病理变化】本病严重感染的猪可见空肠和回肠出现纤维素性坏死灶的特征性病变。

【防控要点】

（1）管理　产房生产必须做到全进全出，且母猪上产床前必须洗澡消毒，在分娩前后1周内产床不能有粪便存在，空栏后彻底清洗、消毒、熏蒸。

（2）预防和治疗　选择拜耳公司的百球清，3～5日龄仔猪一次性口服20毫克/千克。

图 17-1　猪球虫病
哺乳仔猪腹泻

图 17-2　猪球虫病
哺乳仔猪腹泻

图 17-3　猪球虫病
腹泻呈黄色或橘黄色奶油样

18 猪蛔虫病

猪蛔虫病是由猪蛔虫寄生于猪小肠而引起的一种线虫病。该病流行广泛，成年猪感染后多不表现明显症状，但对仔猪危害严重。猪蛔虫发育不需要中间宿主，虫卵随粪便排至外界，发育为感染性虫卵，猪吞食后而感染，幼虫在猪肠道内孵出，进入肠壁，随血液循环到达肝脏、肺脏，造成感染。

【流行特点】不论是规模化猪场的猪还是散养的猪都有发生。疾病的发生与猪蛔虫产卵量、虫卵对外界抵抗力及饲养管理条件有关。猪采食被虫卵污染的饲料和饮水而感染。该病对 3～6 月龄仔猪危害尤其严重。本病在夏秋高温潮湿季节多发。

【临床特征】病猪渐进性消瘦（图 18-1），蛔虫寄生于空肠（图 18-2、图 18-3），精神萎靡，发热，严重者发生起伏呛咳。

【病理变化】肝脏"乳斑"（图 18-4），肺炎，严重而持续的感染会导致弥漫性肝纤维化。

【防控要点】

（1）管理　及时清理粪便，保持圈舍干净干燥。

（2）预防　使用"双甲脒"或"伊维菌素"拌料。后备种猪配种前 1 个月驱虫，经产种猪每年驱虫 3 次，保育猪 50 日龄驱虫，育肥猪 120 日龄驱虫。

图 18-1　猪蛔虫

育成猪生长迟滞，消瘦，精神萎靡

图 18-2　猪蛔虫病

猪腹泻，空肠内见有蛔虫

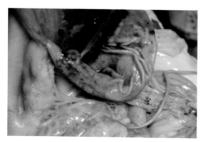

图 18-3　猪蛔虫病

猪腹泻，空肠内见有蛔虫

图 18-4　猪蛔虫病

肝脏有白色病灶

19 猪 疥 螨 病

　　猪疥螨病是由疥螨科疥螨属的猪疥螨（*Sarcoptes scabiei*）寄生于猪的皮肤而引起的以皮肤发炎、发痒、被毛脱落为特征的一种慢性体外寄生病。

　　【流行特点】猪疥螨（图 19-3）感染率高。多发生于幼猪，成年猪也可感染。健康猪通过直接接触病猪或接触病猪污染过的垫料、用具等而感染。本病冬季病情常较严重，因猪被毛较厚，皮肤表面湿度较大，利于疥螨发育；夏季，天气干燥，空气流畅，阳光充足，病情减轻，但感染猪仍为带虫者。

　　【临床特征】感染后 2～11 周，出现广泛性搔痒、摩擦。耳郭内侧面形成结痂（图 19-1、图 19-2）。

　　【防控要点】

　　（1）管理　猪舍环境保持清洁，定期进行环境消毒。

　　（2）预防　定期给种猪及仔猪体表驱虫。

图 19-1　猪疥螨病
全身结痂，体毛脱离，皮肤干燥

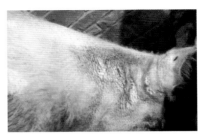

图 19-2　猪疥螨病
耳郭内侧面形成结痂

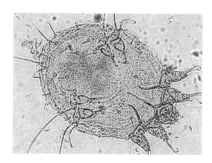

图 19-3　猪疥螨病
疥螨成虫

20 猪霉菌毒素中毒

猪霉菌毒素中毒是由黄曲霉毒素（aflatoxin，AFT）引起的以全身出血、消化机能紊乱、腹水、神经症状等为临床症状，以肝细胞变性、坏死、出血，胆管和肝细胞增生为主要病理变化的真菌毒素中毒性疾病。饮食中长期含有黄曲霉毒素会影响机体生殖和免疫功能。本病一年四季均可发生，但在多雨季节和地区（如我国长江沿岸及其以南地区），温度和湿度又较适宜时，若饲料加工、贮藏不当，更易被黄曲霉菌所污染，增加动物黄曲霉毒素中毒的机会。

【临床特征】黄曲霉毒素中毒损伤肝脏，中毒猪黄疸、腹水、生长迟缓（图 20-1），保育猪眼部有分泌物、泪斑（图 20-2），小猪阴户红肿（图 20-3），呕吐毒素致猪拒食、呕吐、腹泻、精神萎靡。母猪假发情（图 20-4），怀孕母猪流产（图 20-5），胎衣内膜有霉斑（图 20-6）。哺乳母猪缺乳，仔猪饥饿（图 20-7）。

【防控要点】

（1）饲料　严格选择玉米、麸皮等原料。

（2）管理　饲料贮藏要通风干燥、防霉防潮，饲料码放要放置木板。夏季饲料库存 1 周，冬季饲料库存 2 周。每周清洗 1 次料塔、料槽。

（3）预防　饲料中添加霉剂毒素吸附剂，优质维生素和硒。

图 20-1 霉菌毒素中毒
保育猪生长整齐度差

图 20-2 霉菌毒素中毒
育成猪眼部有分泌物、泪斑

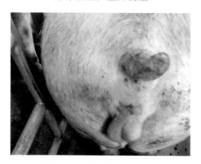

图 20-3 霉菌毒素中毒
母猪假发情

图 20-4 霉菌毒素中毒
初生仔猪阴户红肿

图 20-5 霉菌毒素中毒
流产

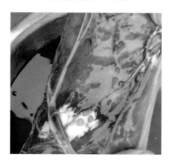

图 20-6 霉菌毒素中毒
胎衣内膜霉斑

图 20-7 霉菌毒素中毒
母猪无奶水

参考文献
REFERENCES

蔡宝祥，2002. 家畜传染病学［M］.4 版. 北京：中国农业出版社.

陈溥言，2006. 兽医传染病学［M］.5 版. 北京：中国农业出版社.

董彝，2008. 实用猪病临床类症鉴别［M］.3 版. 北京：中国农业出版社.

杜向党，李新生，2009. 猪病类症鉴别诊断彩色图谱［M］. 北京：中国农业出版社.

甘孟侯，杨汉春，2005. 中国猪病学［M］. 北京：中国农业出版社.

胡延春，2008. 猪的常见病诊断图谱与用药指南［M］. 北京：中国农业出版社.

姜平，郭爱珍，邵国青，等，2009. 猪病［M］. 北京：中国农业出版社.

陆承平，2013. 兽医微生物学［M］.5 版. 北京：中国农业出版社.

潘耀谦，张春杰，刘思当，2004. 猪病诊断彩色图谱［M］. 北京：中国农业出版社.

芮荣，2008. 猪病诊疗与处方手册［M］. 北京：化学工业出版社.

苏振环，2004. 现代养猪实用百科全书［M］. 北京：中国农业出版社.

Jeffrey J. Zimmerman, Locke A. karriker, Alejandro Ramirez，等，2014. 猪病学［M］.10 版. 赵德明，张仲秋，周向梅，等主译. 北京：中国农业大学出版社.

图书在版编目（CIP）数据

20种常发猪病诊断彩色图谱/张斌，汤景元，岳华
主编.—北京：中国农业出版社，2016.12（2018.9重印）
ISBN 978-7-109-22318-9

Ⅰ.①2… Ⅱ.①张…②汤…③岳… Ⅲ.①猪病—
诊疗—图谱 Ⅳ.①S858.28-64

中国版本图书馆 CIP 数据核字（2016）第 269205 号

中国农业出版社出版
（北京市朝阳区麦子店街 18 号楼）
（邮政编码 100125）
责任编辑　周锦玉

————————————

北京通州皇家印刷厂印刷　新华书店北京发行所发行
2016 年 12 月第 1 版　2018 年 9 月北京第 14 次印刷

————————————

开本：850mm×1168mm 1/32　印张：2.125
字数：50 千字
定价：20.00 元
（凡本版图书出现印刷、装订错误，请向出版社发行部调换）